el Titanic?

Stephanie Sabol

ilustraciones de Gregory Copeland

traducción de Yanitzia Canetti

Penguin Workshop

Para mi hermana Tina—SS

Para mi mamá insumergible, con amor—GC

PENGUIN WORKSHOP
Un sello editorial de Penguin Random House LLC
1745 Broadway, New York, New York 10019

Publicado por primera vez en los Estados Unidos de América en inglés
como *What Was the Titanic?* por Penguin Workshop,
un sello editorial de Penguin Random House LLC, 2018
Edición en español publicada por Penguin Workshop, 2025

Derechos © 2018 de Penguin Random House LLC
Derechos de la traducción en español © 2025 de Penguin Random House LLC

Traducción al español de Yanitzia Canetti

Visítenos en línea: penguinrandomhouse.com.

Los datos del registro de la Catalogación en la Publicación (CIP) de la Biblioteca del
Congreso están disponibles.

Impreso en los Estados Unidos de América

ISBN 9780593888865   10 9 8 7 6 5 4 3 2 1 CJKW

El representante autorizado en la UE para la seguridad y cumplimiento de este producto es
Penguin Random House Ireland, Morrison Chambers, 32 Nassau Street,
Dublin D02 YH68, Irlanda, https://eu-contact.penguin.ie.

Contenido

¿Qué fue el Titanic? 1

La era del vapor 6

Construcción del Titanic 10

Equipamiento del barco 19

Cosas y más cosas 25

La vida a bordo del barco 34

Las alarmas 44

¡Iceberg! 52

¡Abandonar el barco! 57

El rescate 77

Las pérdidas 84

El hallazgo 89

¿Y si...? 102

Cronologías 106

Bibliografía 108

¿Qué fue el Titanic?

14 de abril de 1912

El barco de lujo más grande de todos los tiempos, el Titanic, cruzaba el océano Atlántico. Era su viaje inaugural, o sea, su primer viaje. El barco había salido de Inglaterra cuatro días antes. Hacía buen tiempo. En solo unos días, el Titanic llegaría a la ciudad de Nueva York.

A bordo del barco, la noche del 14 de abril parecía como cualquier otra. Los pasajeros de primera clase disfrutaron de un festín con diez platos, incluyendo ostras y filete miñón. El capitán del Titanic, Edward John Smith, se unió a la cena. Fue organizada por una pareja adinerada de Filadelfia.

Después de la cena, algunos pasajeros de primera clase jugaban a las cartas o escuchaban la orquesta.

En segunda clase, un ministro cantaba himnos con unas cien personas. En tercera clase, los pasajeros bailaban en su salón, conocido como la sala general. Pero después de un largo día en el mar, muchos pasajeros ya estaban en la cama.

El capitán Smith se reunió con sus oficiales en el puente a las 9:00 p. m. El puente era el centro de mando del barco. Smith les dijo a sus oficiales que le avisaran si surgía algún problema. Luego se fue a su camarote.

Afuera, la noche era muy fría. No había luna, pero el cielo estaba despejado. Miles de estrellas brillaban intensamente. El mar estaba tan tranquilo que parecía un espejo. Ninguna ola ondulaba en la distancia.

En el puesto del vigía, dos hombres vigilaban atentos al peligro. En esta parte del Atlántico, los barcos tenían que tener mucho cuidado para evitar chocar con un iceberg. Los dos vigías charlaban y trataban de mantenerse calientes.

Entonces, de repente, a las 11:40 p. m., casi de la nada, apareció una gran forma negra.

¿Podría ser...?

¡Sí, era un iceberg!

El iceberg estaba casi delante del barco. ¡Parecía que el barco iba a chocar directamente contra él! Los vigías sonaron la campana de alarma tres veces, la señal de emergencia. Llamaron al puente

Gran escalera

Camarotes de primera clase

Vestíbu

Comedor de primera clase

Comedor de tercera clase

Baño turco

Salas de calderas

de mando donde estaban los oficiales. "¡Iceberg, justo delante!", gritaron.

Los oficiales solo tuvieron 37 segundos para reaccionar. El primer oficial William Murdoch se puso en contacto con la sala de máquinas y ordenó que detuvieran los motores y los pusieran en marcha atrás. ¿Evitaría el Titanic el iceberg? ¿O era demasiado tarde?

Puesto del vigía

cepción

Camarotes de tercera clase

de calderas   Equipaje

Sala de correo   Carga

CAPÍTULO 1
La era del vapor

Hasta mediados de los años 1700, los barcos tenían velas y dependían del viento para moverse. Como los vientos son impredecibles, no era posible saber exactamente cuánto tiempo tomaría un viaje. Un barco podía cruzar el océano Atlántico en unas pocas semanas o en unos meses.

A principios de los años 1800, las máquinas de vapor comenzaron a sustituir las velas. Los barcos de vapor cruzaban el Atlántico en solo dos a cuatro semanas.

Con el tiempo, se construyeron motores más potentes. Un barco de vapor con un motor potente podía cruzar el océano en solo diez a catorce días.

Los barcos de vapor aumentaron su tamaño y se convirtieron en transatlánticos que viajaban por una misma ruta, o "línea", regularmente. Estas líneas eran como caminos invisibles en el océano.

Para los pasajeros ricos, cruzar el océano en un transatlántico era como estar de vacaciones. Disfrutaban de buenas comidas y lujosos camarotes. Para los inmigrantes pobres, que viajaban en tercera clase, el viaje les permitía dejar sus países de origen y comenzar una nueva vida

en EE. UU. Millones de inmigrantes llegaron a EE. UU. desde Europa a finales de los 1800 y principios de los 1900 en enormes barcos de vapor.

A finales del siglo xix, dos compañías navieras británicas, la White Star Line y la Cunard Line, competían ferozmente entre sí. En 1907, la Cunard completó dos transoceánicos que podían cruzar el Atlántico en solo cinco días. ¿Cómo podía la White Star Line superar a la Cunard Line? No podían construir un barco más rápido. Eso era imposible. Pero ¿podrían hacer uno más grande?

CAPÍTULO 2
Construcción del Titanic

La White Star Line decidió construir tres nuevos barcos. Uno de ellos se llamaría Titanic. (Los nombres de todos sus barcos terminaban en "ic"). Se hicieron cientos de planos y dibujos. Estos planos guiarían a los trabajadores durante la construcción.

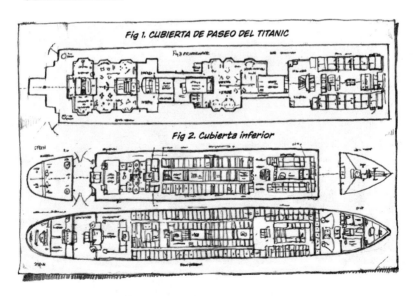

Fig 1. CUBIERTA DE PASEO DEL TITANIC

Fig 2. Cubierta inferior

El astillero

El Titanic sería tan grande que una sola grada (una rampa donde se construyen los barcos) no tendría suficiente espacio. Así que tres gradas se convirtieron en dos. Luego se construyó una grúa de caballete gigante sobre la grada. Es una estructura similar a un puente que soporta y mueve equipos pesados. Esta grúa era la más grande del mundo: ¡casi una vez y media la longitud de un campo de fútbol y tan alta como un edificio de diecinueve pisos!

En marzo de 1909, comenzó la construcción en un enorme astillero en Belfast, Irlanda del Norte. Los barcos se construyen de abajo hacia arriba. Primero vino la quilla de acero en su parte inferior, que sirve como columna vertebral del barco y soporta el resto de este.

Después que se hizo la quilla, se unieron a esta las vigas de acero curvadas para formar un marco en forma de U. Las cubiertas superiores del barco se construirían encima de las vigas. La

armadura del Titanic duró alrededor de un año y se completó en abril de 1910.

Después se construyó el casco. Esta es la parte inferior del barco que se encuentra parcialmente bajo el agua. Lo ayuda a mantener a flote.

El casco se terminó en unos seis meses. Primero, se cortaron miles de láminas de acero y se les dio forma de placas. Algunas eran planas y otras eran curvas. Las placas se alinearon, con sus bordes superpuestos. Luego, se calentaron los remaches (grandes tachuelas de hierro) y se insertaron en los agujeros de las placas de acero. En el Titanic se utilizaron más de tres millones de remaches.

El casco estaba dividido en dieciséis compartimentos separados por paredes llamadas mamparos. Si el barco comenzaba a inundarse, las puertas de los mamparos se cerraban herméticamente. Los compartimentos inundados estarían bloqueados entre sí. El Titanic podría mantenerse a flote incluso si los primeros cuatro compartimentos se llenaran de agua. Y era difícil imaginar un accidente que causara una inundación más grande que esa. Por esa razón, los periódicos calificaron al Titanic de "insumergible". No dijeron "casi insumergible". Dijeron "insumergible".

¿Quiénes construyeron el Titanic? Más de quince mil trabajadores de astilleros irlandeses. Trabajaban de lunes a sábado de 6:00 a. m. a 5:30 p. m. Tenían un descanso de diez minutos por la mañana y media hora libre para almorzar. Era un trabajo peligroso. Ocho hombres murieron durante la construcción del barco.

El 31 de mayo de 1911, el casco del Titanic estaba listo para ser lanzado al río Lagan. El casco ya tenía la cubierta superior y cuatro chimeneas, pero estaba vacío por dentro. El lanzamiento mostraría si el barco podría mantenerse a flote.

El lanzamiento fue un gran acontecimiento. Fue emocionante ver un casco gigante, recién pintado, bajando por una rampa hacia el agua por primera vez.

Casi cien mil personas observaron la botadura del Titanic. J. Bruce Ismay, director de la White Star Line, observaba desde una tribuna especial. El acaudalado estadounidense J. P. Morgan también estaba allí. Su compañía era propietaria de la White Star Line.

Cuando llegó la hora, dos bengalas rojas brillantes explotaron. Era para advertir a los barcos en el río que se mantuvieran alejados del sitio de lanzamiento. El casco tardó 62 segundos en deslizarse desde sus plataformas de madera hacia el agua.

¡Sí! El Titanic estaba en condiciones de navegar.

Los obreros agitaron sus sombreros y la multitud vitoreó. Como el Titanic aún no tenía motores, unos botes más pequeños lo remolcaron río arriba durante unos minutos. Grandes anclas y cables impedían que el barco se alejara flotando. Luego los remolcadores lo trajeron de regreso al astillero.

Entonces llegó la hora de trabajar en el interior, de convertir el casco del Titanic en un palacio flotante sobre los mares.

CAPÍTULO 3
Equipamiento del barco

"Equipar" un barco significa ponerle todo lo que este necesita, tanto para transportar pasajeros como para propulsar el buque. El equipamiento del Titanic duró diez meses.

La instalación de 29 calderas fue uno de los primeros trabajos. Las calderas tenían hornos para el carbón que se introducía con palas para crear el fuego. El fuego calentaría el agua en la parte superior de las calderas y la convertiría en vapor. Luego, el vapor viajaría a través de tuberías de acero hasta los motores.

A continuación se construyeron y se pintaron las diez cubiertas superiores. Luego se construyeron las escaleras entre las cubiertas.

La gran escalera de primera clase era algo

sensacional. Tenía paneles de roble, barandillas talladas y un reloj carísimo. Una cúpula de cristal en lo alto de la misma dejaba entrar la luz.

Se instalaron cientos de kilómetros de cable eléctrico. Se colocaron dos mil ojos de buey (ventanas). Tres chimeneas gigantes eliminaban el humo y los vapores creados por la combustión del carbón en las calderas. Sin chimeneas, el hollín cubriría a los pasajeros. El Titanic solo necesitaba tres chimeneas. Pero el constructor principal pensaba que con cuatro chimeneas el barco se vería más grandioso. ¡La cuarta chimenea era falsa!

A principios de febrero de 1912, se instalaron las tres hélices del Titanic en la popa, dos en el exterior y una en el centro. El vapor de los motores llegaba a las hélices a través de tuberías y hacía girar sus paletas. Esto hacía mover la nave.

Vocabulario náutico

Los viajes marítimos tienen su propio lenguaje. Estas son algunas palabras que debes saber:

Proa: parte delantera de un barco

Popa: parte trasera de un barco

Babor: se refiere al lado izquierdo de la embarcación estando de pie en la parte trasera y mirando hacia adelante

Estribor: se refiere al lado derecho del barco estando de pie en la parte trasera y mirando hacia adelante

Puente: sala desde donde se dirige el barco

Timón: el mecanismo de gobierno de un barco; el timón incluye la rueda

Milla náutica: unidad utilizada para medir distancias en el mar; equivale a unos 6076 pies, es decir, casi 800 pies más que una milla normal

Nudo: unidad de velocidad igual a una milla náutica por hora

Popa

Estribor

Timón
Y
Puente

Babor

Proa

A máxima velocidad, el Titanic podía viajar a 24 nudos (más de 27 millas por hora). Este no era tan rápido como el Lusitania, un barco de la Cunard. Pero el Titanic era algo más que velocidad: era lujo.

El 2 de abril de 1912, el Titanic realizó sus pruebas en el mar. Ningún remolcador tiró de él. El Titanic ya funcionaba por sus propios medios. El capitán Smith y sus oficiales estaban a bordo. La tripulación practicó los giros. Probaron una parada de emergencia.

La prueba de mar transcurrió sin problemas.

Después de tres años de construcción, el Titanic finalmente estaba listo para su viaje inaugural.

CAPÍTULO 4
Cosas y más cosas

El 10 de abril de 1912 fue el gran día. El Titanic estaba listo para partir de Southampton, Inglaterra. Pero antes de embarcar los pasajeros, había que subir la carga.

La carga incluía el equipaje y los objetos personales. ¡Una familia de primera clase, los Ryerson, tenía dieciséis baúles grandes! Un lujoso

coche francés rojo pertenecía a William Carter, que regresaba a Filadelfia con su familia y sus sirvientes. Uno de los artículos más caros era un raro libro de poemas del siglo XI llamado el *Rubáiyát*. Su cubierta

estaba tachonada con más de mil joyas: rubíes, amatistas y esmeraldas. El libro acababa de ser vendido en una subasta y estaba en camino a su nuevo propietario en Nueva York.

El Titanic también transportaba carga comercial. En 1912, la forma más rápida para que las empresas de EE. UU. obtuvieran mercancías de Europa era por barco de pasajeros. El Titanic tenía mucho espacio en las cubiertas inferiores para transportar mercancías. White Star Line podría cobrarles mucho dinero a estas compañías. La carga comercial incluía cosas

como telas, alimentos, productos cosméticos y 76 cajas de un tinte rojo llamado "sangre de dragón".

Una vez que el Titanic comenzara su viaje a través del Atlántico, no se le podría llevar comida. Todo lo necesario para alimentar a aproximadamente 2200 personas (900 tripulantes y más 1300 pasajeros) ya tenía que estar a bordo. ¡Setenta y cinco mil libras de carne fresca, cuarenta mil huevos, diez mil libras de azúcar y dieciséis mil limones eran solo una pequeña porción del total de alimentos almacenados en el Titanic!

El nombre completo del barco era RMS

Titanic. El RMS eran las siglas de Royal Mail Ship. El Titanic llevaría el correo y los paquetes del servicio postal de Gran Bretaña. ¡Había casi 3500 sacos que contenían siete

millones de piezas de correo!

Una vez subida la carga, abordó la tripulación. El capitán del barco era Smith. Toda la tripulación obedecía sus órdenes. Este iba a ser su último

Capitán Smith

viaje. Después de 38 años trabajando para la White Star Line, el capitán Smith estaba listo para retirarse.

La responsabilidad principal de Smith y sus siete oficiales era conducir el barco, dando órdenes a la sala de máquinas. El equipo de ingenieros tenía un trabajo sucio en el ruidoso fondo de la nave. Veinticinco ingenieros y 176 fogoneros trabajaron día y noche para mantener la caldera llena de carbón y los motores en marcha.

Smith y sus oficiales también supervisaban

a la tripulación de cubierta, que estaba a cargo del funcionamiento diario del barco. Había carpinteros, vigías, empleados de tiendas, limpiadores de ventanas y los contramaestres (que atienden los suministros). La tripulación de cubierta incluía 29 marineros entrenados para operar los veinte botes salvavidas. Por supuesto, nadie imaginó que sería necesario utilizarlos.

Y luego estaba el "equipo de avituallamiento", con más de trescientas personas, que atendía a los pasajeros. Entre ellos había camareros, sirvientas y asistentes. Servían comida, hacían camas y se ocupaban de las necesidades diarias de los pasajeros. El equipo de cocina era tan grande que había cocineros que solo hacían platos de pescado; otros que solo preparaban verduras. Incluso algunos solo preparaban salsas o sopas.

Los últimos en embarcar fueron los pasajeros. Thomas Andrews, el arquitecto del barco, fue el primero. Quería asegurarse de que no hubiera

Thomas Andrews

problemas. J. Bruce Ismay fue uno de los primeros en embarcar. Tenía una elegante suite con una terraza privada.

Más de 1300 pasajeros subieron por las pasarelas. Los músicos tocaban en lo alto de las cubiertas superiores. Pronto, los pasajeros a bordo saludaron a la multitud que los vitoreaba desde el muelle. El Titanic hizo sonar su silbato y se hizo a la mar.

Desde Southampton, Inglaterra, el Titanic se

dirigió a Cherburgo, Francia, a cuatro horas de distancia. Unos trescientos pasajeros más subieron a bordo, mientras que varios se bajaron. Luego el Titanic viajó durante la noche a Queenstown, Irlanda. Más de cien nuevos pasajeros y más correo abordaron el Titanic.

Alrededor de la 1:40 p. m. del 11 de abril, el barco partió hacia Nueva York. El Titanic dio tres largos bocinazos. Un pequeño bote respondió con sonido corto, y el Titanic dejó escapar un último bocinazo. Fue la última vez que el Titanic tocó tierra.

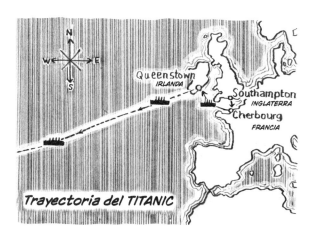

Trayectoria del TITANIC

CAPÍTULO 5
La vida a bordo del barco

Los pasajeros del Titanic procedían de más de 30 países, algunos de lugares tan lejanos como Tailandia y Uruguay. Sin embargo, la mayoría procedía de Gran Bretaña y EE. UU.

Las cuatro cubiertas superiores eran para pasajeros de primera clase. ¡La suite más cara costaba más de sesenta mil dólares en dinero de hoy! John Jacob Astor IV, de 47 años, de Nueva York, era el pasajero más rico a bordo. Su familia

John Jacob Astor IV y su esposa, Madeleine

había hecho su fortuna con el comercio de pieles y poseía muchas tierras. Astor y su esposa, Madeleine, viajaban a su casa en Nueva York después de su luna de miel. Otra pasajera, Margaret Tobin Brown (conocida como Molly Brown), había estado casada con un magnate minero de Denver. Isidor Straus, copropietario de los almacenes Macy's en la ciudad de Nueva York, regresaba con su esposa, Ida, de sus vacaciones en Europa.

Molly Brown

Los camarotes de primera clase eran como los de un lujoso hotel flotante. Algunos tenían salas de estar y dormitorios para las sirvientas. No todos eran iguales: algunos estaban decorados con elegantes muebles franceses, mientras que otros parecían habitaciones de una mansión inglesa. Algunos tenían chimeneas,

molduras ornamentadas y lámparas. White Star Line anunciaba el esplendor de primera clase: "Es imposible... describir las decoraciones en los alojamientos de pasajeros... Estaban en una escala de... magnificencia. Nunca se había visto nada parecido en el océano".

Los camarotes de segunda clase eran limpios y bien iluminados. Tenían literas, un sofá y un escritorio; eran similares a los de primera clase de muchos otros barcos. Tenían capacidad para dos a cuatro personas. Ruth Becker, de 12 años, viajaba con su madre y sus dos hermanos en segunda clase.

Ella dijo: "Todo era nuevo. ¡Nuevo!... Nuestro camarote era como un cuarto de hotel, era muy grande".

La mayoría de los pasajeros estaban en tercera clase. Los camarotes de tercera clase eran sencillos. La mayoría tenía cuatro camas, luz eléctrica y un pequeño lavabo. (Tener agua corriente en tercera clase era inusual). ¡Las seiscientas personas que viajaban en tercera clase tenían que compartir solo dos bañeras! A la mayoría de los pasajeros no les importó demasiado. Al fin y al cabo, pronto llegarían a Nueva York. Y llegaban allí en el barco más famoso del mundo: el Titanic.

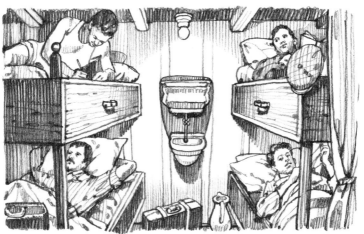

La lista de pasajeros

No se conocen las cifras exactas. Es posible que haya habido cambios de última hora en la lista de pasajeros antes de que zarpara el Titanic. Pero el desglose aproximado fue el siguiente:

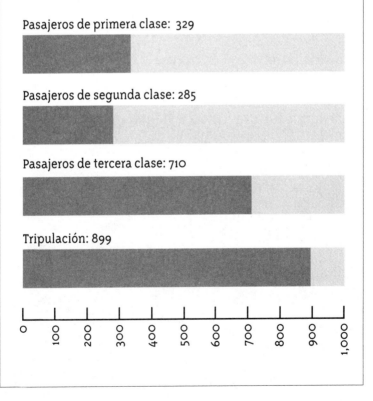

Pasajeros de primera clase: 329

Pasajeros de segunda clase: 285

Pasajeros de tercera clase: 710

Tripulación: 899

0   100   200   300   400   500   600   700   800   900   1,000

¿Qué hacía la gente durante el día?

Los pasajeros de primera clase tenían muchas opciones. Tal vez probarían las máquinas del gimnasio —una bicicleta estática o una máquina de remo— o se relajarían en el vapor del baño turco. El baño turco tenía hermosos mosaicos con un tema morisco (norteafricano). Había vigas doradas y lámparas de bronce. La gente descansaba en cómodas sillas después de tomar un baño de vapor.

También había una piscina con agua de mar. Las calderas calentaban el agua a temperatura ambiente. Solo había otro barco con piscina en ese momento, era el gemelo del Titanic, el Olympic. La piscina era solo para pasajeros de primera clase, ¡y tenían que pagar 25 centavos por un boleto!

Los pasajeros de segunda clase tenían su propia biblioteca y su sala de fumadores. Jugaban a las cartas, al ajedrez o al dominó. Podían pasear por la cubierta de paseo reservada a la segunda clase.

En tercera clase, los pasajeros bailaban en la sala general. Podían dar paseos o jugar en la cubierta de popa (la cubierta alta en la popa del barco). Frank Goldsmith, de diez años, y algunos otros niños de tercera clase se dirigían a las cubiertas inferiores y saludaban a los bomberos y a los fogoneros.

Nada superaba la comida del Titanic. Los pasajeros de primera clase comían en un hermoso salón con costosos muebles de roble. Era el comedor más grande de un barco de la época. El suelo de baldosas

semejaba una alfombra persa. Los camareros servían langosta y caviar en bandejas de plata. El Café Parisien era un lugar muy popular para comer entre los pasajeros más jóvenes de primera clase. Parecía una cafetería de París.

La primera clase era la más elegante en todos

los sentidos, pero estar en segunda clase seguía siendo muy agradable. El comedor tenía muebles de caoba con tapicería roja. También había un piano.

La tercera clase tenía su propio comedor, aunque más sencillo. Aun así, tener un comedor de tercera clase era inusual. En otros barcos, los pasajeros de tercera clase tenían que traer su comida para todo el viaje y cocinarla ellos mismos.

CAPÍTULO 6
Las alarmas

Mientras los pasajeros se divertían, J. Bruce Ismay prestó mucha atención al reloj. Se suponía que el viaje duraría ocho días, pero quería que el Titanic llegara antes a Nueva York. Una llegada adelantada a Nueva York sería una gran publicidad para la White Star Line.

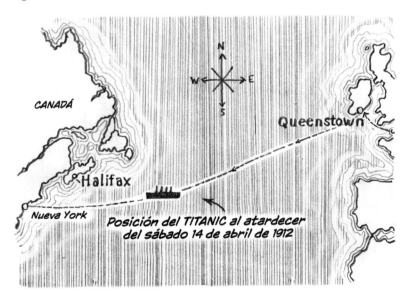

Posición del TITANIC al atardecer del sábado 14 de abril de 1912

¿Cómo se comunicaba el Titanic con otros barcos?

Antes de inventarse el telégrafo, los barcos tenían que confiar en las banderas o señales luminosas de los otros barcos para advertir de los peligros.

En 1901, el italiano Guglielmo Marconi inventó el telégrafo sin hilos. Este enviaba los mensajes por ondas de radio. Los operadores del Titanic utilizaban el código Morse, un sistema de puntos y rayas, para comunicar los mensajes. Estos mensajes se enviaban desde y hacia otros barcos o a estaciones en tierra.

En la noche del domingo 14 de abril, el Titanic había recorrido dos tercios del viaje a Nueva York. Los dos operadores de radio del Titanic enviaban y recibían mensajes por telégrafo. La mayoría eran comunicaciones con barcos cercanos.

Los operadores estaban muy ocupados. El telégrafo no había funcionado durante varias horas la noche anterior. Por esto, tenían muchos mensajes que enviar, la mayoría eran personales de pasajeros a familiares y amigos en casa. Pero el trabajo principal de los operadores era conocer los posibles peligros que se avecinaban.

Después de cuatro días de viaje, el Titanic

había entrado en un campo de hielo. El 14 de abril, los radiotelegrafistas recibieron siete avisos de presencia de hielo, de barcos cercanos. Una advertencia de grandes icebergs a unas doscientos cincuenta millas de distancia llegó a media tarde desde el Báltico. Los operadores pasaron el mensaje al capitán Smith. Él decidió alterar ligeramente el rumbo del barco y viajar a diez millas más al sur de lo habitual. Creía que con eso podría evitar cualquier témpano grande.

¿Estaban alarmados el capitán y los oficiales? No lo parecía. El barco estaba tan bien construido, que tal vez el capitán Smith creyó que era insumergible.

Nunca ordenó que se redujera la velocidad del barco. El Titanic viajaba "a toda máquina".

Esa noche la temperatura comenzó a bajar. Los pasajeros sintieron el frío en el aire. Las damas adineradas usaban sus pieles. La mayoría de la gente se quedaba dentro en lugar de caminar por las cubiertas. No había luna ni nada que ver más que oscuridad.

A las 10:55 p. m., los operadores de radio recibieron la última advertencia de hielo del día. Más tarde, otro barco, el Californian, trató de alertar al Titanic del peligro que se avecinaba.

Icebergs

Un iceberg es un enorme trozo de hielo que se ha desprendido de un glaciar. Las corrientes oceánicas y las mareas llevan el iceberg mar adentro. El iceberg que chocó con el Titanic comenzó a formarse en la costa oeste de Groenlandia unos quince mil años antes. Probablemente tenía 400 pies de largo.

Solo se puede ver alrededor del 10 por ciento de la masa de un iceberg. El resto está debajo del agua.

Pero el operador del Titanic estaba ocupado enviando mensajes de los pasajeros y le dijo al operador de radio del Californian que "se callara".

Cuarenta y cinco minutos después de la advertencia del Californian, los dos vigías del Titanic vigilaban durante la noche fría y despejada. Había estado tranquilo desde que tomaron posesión de su puesto a las 10:00 p. m. Pero la calma estaba a punto de terminar.

A las 11:40 p. m. los vigías vieron una gran masa oscura en el agua. ¿Qué podría ser?

¡Un iceberg!

Rápidamente hicieron sonar la campana de alarma e informaron que el Titanic se dirigía directamente hacia un iceberg.

CAPÍTULO 7
¡Iceberg!

Con segundos para reaccionar, el primer oficial Murdoch ordenó detener los motores y dar marcha atrás. Luego ordenó hacer un giro para evitar chocar de frente con el iceberg. Pero hacer girar un gigantesco transatlántico es muy difícil. No se puede desviar como si fuera un automóvil.

Primer Oficial Murdoch

Los oficiales contuvieron la respiración mientras el barco giraba. Era demasiado tarde. El costado del barco golpeó el témpano y los remaches (que unían las placas de acero del casco) se salieron. Ahora parecía que había una abertura de trescientos pies de largo en el costado de estribor del barco.

El capitán Smith salió de su camarote y corrió hacia sus oficiales. Había escuchado la colisión. "¿Qué golpeamos?", preguntó. "Un iceberg", respondió Murdoch. El capitán Smith parecía tranquilo. Preguntó si las puertas herméticas que sellaban los compartimentos del casco entre sí estaban cerradas.

Ordenó detener los motores, con la esperanza de reducir la velocidad del agua que pudiera entrar en el barco. Luego le pidió a otro oficial que revisara si había daños en el fondo del barco.

El primer informe fue bueno. El oficial no vio ningún daño. Pero no había avanzado lo suficiente en la nave. Luego llegaron noticias terribles. La sala de correo ya estaba inundada. Siete toneladas de agua entraban cada segundo. Los trabajadores postales llevaban cientos de bolsas de correo a las cubiertas superiores.

El capitán Smith se reunió con Thomas Andrews, el arquitecto del barco, que acababa

de inspeccionar las cubiertas inferiores. En solo diez minutos, el agua de la proa había subido 14 pies por encima de la quilla. El agua no se podía contener en solo cuatro compartimentos. Y cuatro era el número máximo que se podía inundar para que el Titanic se mantuviera a flote. Andrews calculó que en menos de dos horas se hundiría.

El Titanic estaba condenado.

Cinco minutos después de la medianoche, el capitán Smith ordenó a sus oficiales que prepararan

los 20 botes salvavidas con que contaba el Titanic. Pero solo podían albergar a 1178 personas. Eso significaba que más de mil personas quedarían varadas a bordo del Titanic.

Aunque algunos pasajeros escucharon el ruido cuando el barco chocó con el iceberg, muchos dormían durante la colisión. En primera clase, la tripulación llamaba a las puertas de los camarotes, instando a los pasajeros a ponerse los chalecos salvavidas y subir a la cubierta superior. No ocurría nada grave, era solo por precaución, dijeron.

En las cubiertas inferiores de tercera clase, la tripulación no fue tan educada. Corrían por los pasillos, gritando que se pusieran los chalecos salvavidas. Muchos pasajeros, incluso los que no entendían inglés, no necesitaban que se lo dijeran. Ya podían ver el agua entrando en el barco.

CAPÍTULO 8
¡Abandonar el barco!

A las 12:10 a. m., el capitán Smith les ordenó a los operadores que enviaran la llamada de auxilio. Inmediatamente, enviaron la señal de socorro en código Morse: "CQD". Poco después, transmitieron "SOS", la nueva llamada internacional de ayuda. Esta fue una de las primeras veces en la historia que se usó "SOS".

Tres barcos respondieron a la señal, siendo el más cercano el Carpathia. Pero estaba a 58 millas de distancia. ¿Cómo podría llegar al Titanic a tiempo? Incluso a su máxima velocidad, estaba a unas cuatro horas de distancia.

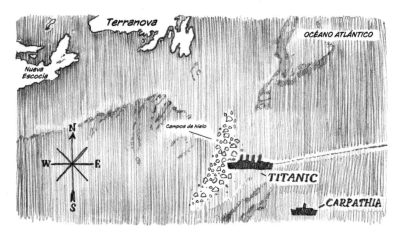

Los pasajeros comenzaron a llenar las cubiertas exteriores. Algunos se dieron cuenta de que caminaban por una ligera pendiente. Aun así, la mayoría creía que no necesitarían los botes salvavidas. En el interior, el barco era cálido y cómodo. ¿Por qué arriesgarse a subir a un pequeño bote en el mar frío y oscuro?

Especialmente porque se suponía que el Titanic era insumergible. El primer bote salvavidas se bajó a las 12:45 a. m., con menos de la mitad de su capacidad. Diez minutos después, lanzaron al cielo la primera de ocho bengalas blancas de socorro. Cada bengala explotaba con un fuerte estallido. ¿Las vería otro barco?

Los pasajeros de primera y segunda clase esperaban en la cubierta del barco. Algunos estaban vestidos con ropa más abrigada. La orquesta comenzó a tocar música alegre.

En las cubiertas inferiores, había más confusión, pues los pasajeros de tercera clase corrían pasillo

tras pasillo. Trataban de encontrar escaleras que
condujeran a la cubierta superior. Pero eso era
como encontrar la salida de un laberinto. Muchos
no hablaban inglés y no podían leer los letreros.
Cientos de pasajeros nunca llegaron a donde
estaban los botes salvavidas.

A medida que la proa se hundía, el resto del Titanic se inclinaba cada vez más fuera del agua. Los muebles se deslizaban por las cubiertas. A estas alturas, estaba claro que todo el mundo tenía que

abandonar el barco que se hundía y rápido. Pero no todos lo lograron, no con solo veinte botes salvavidas. Y tampoco habían hecho un simulacro de seguridad. Los pasajeros no sabían qué hacer.

Botes salvavidas

El Titanic tenía más de 2200 personas a bordo, pero en sus 20 botes salvavidas solo cabían 1178 personas. (Había dieciséis botes regulares y cuatro inflables). Sin embargo, la White Star Line no había infringido la ley. Un barco del tamaño del Titanic solo requería tener botes salvavidas para 962 personas.

La mayoría de los armadores creían que en caso de una emergencia, otro barco estaría lo suficientemente cerca para rescatar a todos. El trabajo de los botes salvavidas sería llevar a los pasajeros del barco en problemas al barco de rescate. Los botes servirían como transbordadores, llevando a un grupo de pasajeros tras otro a un lugar seguro. Nadie imaginó una situación en la que todos tendrían que ser evacuados en botes salvavidas, todos al mismo tiempo.

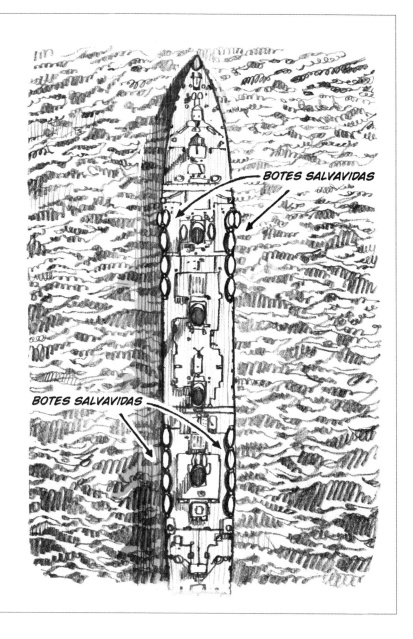

BOTES SALVAVIDAS

BOTES SALVAVIDAS

La tripulación trató de llenar los botes salvavidas rápidamente. Pero muchos entraron en pánico al darse cuenta de que no todos se salvarían. Un oficial disparó su revólver al aire mientras un grupo de pasajeros luchaba por subir a un bote. Otro oficial hizo que la tripulación formara una cadena alrededor de un bote entrelazando sus brazos. Solo podían pasar mujeres y niños.

Según las reglas de todos los barcos, las mujeres y los niños debían subir primero a los botes. John Jacob Astor IV se despidió de su esposa, Madeleine. Le arrojó sus guantes mientras bajaban el bote. Nunca más lo volvería a ver.

Isidor Strauss instó a su esposa, Ida, a subirse a un bote. Ella se negó. "Hemos vivido juntos durante muchos años. A donde vayas tú, voy yo".

El capitán Smith despidió a los radiotelegrafistas. "No pueden hacer nada más. Ahora, sálvese quien pueda". Eso significaba que la tripulación debía tratar de salvarse como pudiera.

En cuanto al capitán Smith, no tenía intención de ir a ninguna parte. Se hundiría con su barco. De hecho, el Titanic fue su último viaje, pero no habría años pacíficos de retiro para él.

A las 2:05 a. m. el último bote se lanzó al mar. Más de 1500 pasajeros quedaron a bordo, gritando y agarrados a las barandillas para no caerse. Algunos saltaron al gélido océano, con la esperanza de nadar hasta un lugar seguro.

Eran las 2:18 de la madrugada.

Ya no era visible toda la proa del barco y la popa se elevaba casi vertical hacia el cielo. Todas

las luces del Titanic se apagaron. Con un sonido terrible, el barco se partió en dos pedazos y se hundió.

Solo dos horas y cuarenta minutos después de que el Titanic chocara contra el iceberg, ya se había desaparecido.

Un pasajero de un bote escribió más tarde: "A medida que el Titanic se hundía, podíamos ver su popa elevándose hasta que sus luces comenzaron a apagarse. Cuando se apagaron todas las luces de la popa, la vimos hundirse... Entonces comenzaron los gritos que parecieron durar eternamente".

Apenas unos setecientos pasajeros habían logrado subir a los botes. Observaban horrorizados. Algunos se sentaron en silencio. Otros se lamentaban. Muchos no podían comprender lo que estaban viendo. Todo había sucedido muy rápido. Un pasajero dijo: "Los sonidos de las personas ahogándose son algo que no puedo describirles, y tampoco nadie puede. Es el sonido más espantoso, y hay un silencio terrible que lo sigue".

Algunos pasajeros de los botes querían virar y ayudar a los que estaban en el agua. Pero otros temían que los náufragos sobrecargaran los botes. Al final, solo un bote regresó para tratar de salvar a alguien. En el agua, algunos se aferraron a tumbonas como mini balsas. Incluso con chalecos salvavidas, las personas no podían mantenerse con vida durante más de veinte minutos en aguas que estaban a solo veintiocho grados.

Pronto, los gritos de los náufragos comenzaron a acallarse. Una mujer en un bote observaba estrellas fugaces en el cielo. Nunca había visto tantas. Recordó una leyenda que decía que cada vez que ves una estrella fugaz, alguien muere.

Ahora los sobrevivientes no tenían nada que hacer sino esperar el rescate. Estaban solos en un mar frío y oscuro.

Cronología del desastre

11:40 p. m.: El Titanic choca con el iceberg

12:05 a. m.: El capitán Smith ordena a la tripulación que preparen los botes salvavidas y alerten a los pasajeros

12:15 a. m.: Primera llamada inalámbrica de auxilio

12:45 a. m.: Se baja el primer bote salvavidas

2:05 a. m.: Se baja el último bote salvavidas

2:10 a. m.: Se envía la última llamada inalámbrica

2:18 a. m.: Se apagan las luces en el barco

2:20 a. m.: El Titanic se hunde

CAPÍTULO 9
El rescate

Cuando el Carpathia recibió la señal de socorro del Titanic, el capitán Arthur Henry Rostron entró en acción. Mandó a preparar mantas, bebidas calientes y sopa. Los tres médicos a bordo convirtieron el comedor en un hospital. Se abrieron las puertas de la pasarela y se colgaron cuerdas y escaleras para subir a los supervivientes de los botes al barco.

El Carpathia aceleró todo lo que pudo en las peligrosas aguas heladas. Cada quince minutos, disparaba cohetes y cañones al aire para indicar que se acercaba. Alrededor de las 3:30 a. m., el barco llegó a donde se había hundido el Titanic.

La gente en los botes escuchó los cañones del Carpathia antes de verlo. A las 4:00 a. m., los primeros sobrevivientes del Titanic llegaron a un lugar seguro. A las mujeres las subían a bordo con sillas colgantes y a los niños, en bolsas de lona. Los hombres subían por escaleras. Durante cuatro horas, el Carpathia recogió a más de setecientos pasajeros. Estaban helados y en estado de choque. Las mujeres que ya estaban a bordo se paraban junto a la barandilla, observando cómo se vaciaban los botes salvavidas. Esperaban ver a sus esposos, padres o hijos de los que se habían separado. Casi nunca hubo un reencuentro feliz.

Algunos hombres de primera clase lograron subir a los botes. J. Bruce Ismay fue uno de los últimos en

subir. Cuando llegó al Carpathia, parecía aturdido. Apenas podía hablar, y no respondió a las preguntas del capitán Rostron. Ismay envió un telegrama a la White Star Line: "Lamento informarles que el Titanic se hundió esta mañana después de chocar con un iceberg, con una enorme pérdida de vidas. Más adelante les daré los detalles". Él se quedó solo en un camarote durante el resto del viaje.

Joseph Bruce Ismay (1862-1937)

Joseph Bruce Ismay era el hijo del fundador de la White Star Line. Cuando murió su padre en 1899, se hizo cargo de la compañía. Fue idea suya construir el Titanic como el barco más grandioso del mar.

Ismay subió al último bote salvavidas que salió del Titanic. Mucha gente consideró que fue una cobardía del director de la empresa salvarse él mientras tantos otros morían. Su reputación nunca se recuperaría. Ismay pasó el resto de su vida en reclusión, se dice que a nadie se le permitía hablar del Titanic en su presencia. Murió en 1937.

En la mañana del 15 de abril, en Nueva York, Londres y en todo el mundo, se difundió la terrible noticia. Otros barcos habían enviado mensajes a tierra. Pero la información era incompleta o errónea. El *Evening Sun* decía: "Todos salvados del Titanic después de la colisión". El *New York Times* informaba algo más real: "EL TITANIC SE HUNDE CUATRO HORAS DESPUÉS DE CHOCAR CONTRA UN ICEBERG [...] PROBABLEMENTE 1250 PERECEN". Se colocó una lista de sobrevivientes afuera de sus oficinas.

Tres días después, el 18 de abril, el Carpathia entró al puerto de Nueva York. Una multitud de casi treinta mil personas esperaba en el muelle de la Cunard (la compañía del Carpathia). Pero el barco pasó junto a él y se detuvo en el muelle de la White Star Line. Los espectadores se preguntaban: ¿por qué iría allí un barco de la Cunard? Pronto quedó claro. Los botes salvavidas vacíos del Titanic se bajaron al agua en el muelle de la White Star Line. Era todo lo que quedaba de la nave.

El Carpathia regresó a su muelle alrededor de las 9:00 p. m., y los primeros pasajeros bajaron por la pasarela. Cuando Ismay abandonó el barco, lo esperaban dos senadores de EE. UU. con una orden para que compareciera al siguiente día ante una investigación del desastre. El mundo quería saber por qué había ocurrido esta tragedia.

CAPÍTULO 10
Las pérdidas

Más de ochocientos pasajeros y casi setecientos tripulantes perdieron la vida en el desastre del Titanic. La mayoría de los pasajeros que murieron eran de tercera clase (unos 540). Entre las víctimas de primera o segunda clase, casi todos eran hombres. Cincuenta y cuatro víctimas eran niños, todos menos uno eran de tercera clase.

Muchos de los tripulantes vivían en Southampton, Inglaterra. Más de quinientos hogares perdieron al menos a un miembro de su familia. Una maestra les pidió a los niños que tuvieran un pariente en el Titanic que se pusieran de pie. Todos se levantaron.

¿Qué pasó con los cuerpos de los muertos? Dos días después del desastre, la White Star Line

envió varios barcos a buscarlos. Se encontraron
328 cuerpos. Algunos de ellos flotaban erguidos
en el agua, levantados por sus chalecos salvavidas.
Parecían estar dormidos. Otros fue demasiado
difícil identificarlos. Fueron enterrados en el
mar. John Jacob Astor IV fue identificado por
las iniciales dentro de su cuello. Su cuerpo estaba
cubierto de hollín. Es probable que muriera

cuando una de las chimeneas se cayó y lo aplastó.

Los cuerpos se llevaron a Halifax, Canadá. Algunos fueron reclamados por su familia. El resto los enterraron en cementerios cercanos. Cientos de cuerpos no se recuperaron. Quedaron atrapados en el barco en el fondo del mar.

En todo el mundo, la gente seguía conmocionada por el desastre y la terrible pérdida de vidas. Se suponía que el Titanic era insumergible. ¿Cómo pudo ocurrir semejante tragedia?

La investigación de EE. UU. concluyó que la tripulación no estaba preparada para una emergencia. El Senado culpó a la Junta de Comercio Británica de tener reglas obsoletas sobre el número de botes salvavidas que los barcos debían llevar. También creía que el capitán Smith iba muy rápido en aguas peligrosamente heladas. (La investigación británica no culpó al capitán Smith).

El Senado formuló sus recomendaciones. En primer lugar, todos los barcos debían tener botes

salvavidas para todos a bordo. Los tripulantes deben estar entrenados sobre cómo bajar los botes y saber remarlos. También debían realizar simulacros con botes salvavidas para los pasajeros.

El Senado también recomendó que todos los barcos instalaran radios inalámbricos que funcionaran todo el tiempo. No todos los barcos los tenían cuando el Titanic se hundió. Si el Titanic y el Carpathia no los hubieran tenido, no habría habido rescate. Se habrían perdido muchas más vidas.

En 1914, Canadá, Estados Unidos y países de Europa Occidental se unieron para iniciar la International Ice Patrol (IIP). La patrulla utilizaba botes (y más tarde aviones) para localizar icebergs en el Atlántico y alertar a los barcos en el área.

Viajar en barco definitivamente se volvió más seguro, pero la gran era de los transatlánticos de lujo estaba llegando a su fin.

¿Por qué?

Había una forma más nueva y mucho más rápida de cruzar el océano: en un avión.

CAPÍTULO 11
El hallazgo

Poco después del hundimiento del Titanic, muchos se interesaron en recuperar el barco. Había dos problemas: primero, nadie sabía exactamente el lugar donde estaba. Después de que el Titanic enviara su última señal de socorro, se quedó a la deriva con las corrientes oceánicas. El área de búsqueda tenía más de cien millas de ancho. El océano en esta área tenía 2,5 millas de profundidad. En segundo lugar, después de localizarlo, ¿cómo se podría recuperar? Había algunas ideas locas: una de ellas era ¡llenarlo con pelotas de ping-pong y hacerlo flotar! Un inventor de Denver ideó un plan para subirlo usando un submarino y poderosos imanes.

En los años ochenta, la tecnología submarina

hacía posible localizar una nave hundida, incluso una tan por debajo de la superficie.

Robert Ballard, un arqueólogo subacuático estadounidense, había soñado durante años con encontrar el Titanic. Descubrió qué tipo de vehículo sería capaz de localizarlo, y desarrolló un sumergible llamado Argo. Argo medía 15 pies de largo y unos 3,5 pies de alto y ancho. No estaba tripulado, lo que significa que no habría gente en el interior. Argo estaba equipado con reflectores, cámaras de video y un sistema de sonar. El sonar utiliza ondas sonoras para localizar objetos submarinos. Ya bajo el agua, Argo era controlado por personas en un barco. Argo podía tomar fotos y enviarlas a la superficie.

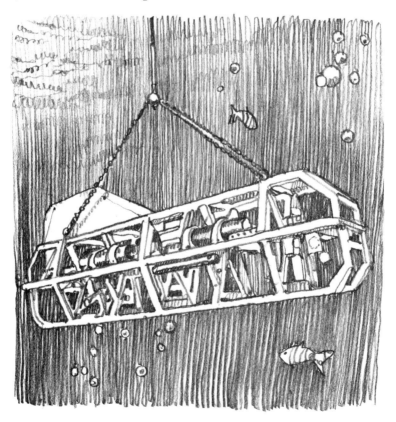

Robert Ballard (1942-)

Robert Ballard es uno de los exploradores de aguas profundas más conocidos. Nació en 1942, y creció en San Diego, California. Desde temprana edad, se interesó por la exploración submarina. Ballard trabajó como oceanógrafo para la Marina de EE. UU. Investigó diferentes tecnologías y desarrolló un vehículo robótico para buscar el Titanic bajo el agua. En 1985, puso a prueba su invento.

Aunque Ballard ha explorado muchos otros naufragios, es más conocido por su descubrimiento del Titanic.

En 1985, Ballard formó un equipo para encontrar el Titanic. Científicos estadounidenses y franceses se juntaron en un barco llamado Knorr que buscó en el Atlántico durante seis semanas. Pero no aparecía nada. El equipo perdía la esperanza.

Luego, justo después de la medianoche del 1 de septiembre de 1985, Argo detectó algo extraño: pequeños trozos de metal a una profundidad de 12 500 pies (unas 2 millas). En el Knorr, el equipo estudió las pantallas de video. Estos trozos de metal parecían hechos por el hombre. Argo continuó enviando imágenes. Pronto localizó algo enorme y circular. ¿Sería esta una de las calderas

Caldera del Titanic encontrada bajo el agua

del Titanic? El equipo revisó una vieja fotografía de 1911. ¡Eran exactamente iguales! Aplaudían: ¡habían encontrado el Titanic!

Ballard y su equipo estaban encantados. Pero su celebración sucedió en el lugar donde cientos de personas habían perdido la vida. Se celebró un servivio conmemorativo para todos los que habían muerto.

Al día siguiente, Ballard envió a Argo de nuevo. Esta vez localizó la proa del barco. El acero estaba negro oscuro y cubierto de óxido. Parecía un esqueleto del otrora gran barco.

Argo encontró la popa a casi 2000 pies de distancia de la proa. Este fue un descubrimiento importante. Nadie estaba seguro de si el Titanic se había hundido en una sola pieza o roto en dos pedazos. Argo resolvió ese misterio: el Titanic se había partido por la mitad.

La gente también creía que el iceberg había hecho una abertura de trescientos pies en el costado del casco. Al ver el casco se demostró que no era así. No había rasgaduras: los remaches habían saltado bajo la presión al golpear el iceberg.

El verano siguiente, Ballard se preparó para otro viaje al naufragio. Y planeaba verlo por

sí mismo. Esta vez se metería en un pequeño submarino llamado Alvin y ¡se sumergiría a más de 2000 pies bajo el agua! Ballard entró en Alvin con su cámara de video portátil. Tardó dos horas y media en viajar desde la superficie hasta el naufragio. Realizaría once inmersiones en total.

Entonces, ¿qué descubrió Ballard? Se encontraron miles de objetos alrededor de la popa. Incluían ojos de buey, platos y hasta una bañera. Ballard no se llevó nada, pensó que había que dejar en paz una tumba. En cambio, él y su equipo colocaron dos placas. Una en memoria

de todos los que murieron. La otra pedía a los futuros exploradores que dejaran el barco en paz.

La placa no detuvo a los buscadores de tesoros profesionales. Los objetos del Titanic valían mucho dinero. Algunos de los artefactos incluían joyas y equipaje. Se encontró una estatua de un querubín de la gran escalera. También hallaron la cabeza de porcelana de una muñeca de juguete

medio enterrada en el fondo marino.

¿Se puede elevar el Titanic? No. Es demasiado frágil. Los científicos han descubierto que las bacterias se lo están comiendo lentamente.

Estas han creado estructuras largas parecidas a carámbanos y hechas de óxido. Algunos expertos creen que los restos del naufragio se convertirán en polvo dentro de cincuenta años. No quedará nada del Titanic.

Titanic manía

Después del desastre, todos querían saber los detalles del trágico viaje inaugural. Los periódicos y revistas sacaron ediciones especiales pocos días después del hundimiento. La primera película sobre el Titanic se estrenó solo un mes después. Se llamaba *Saved from the Titanic*. La actriz Dorothy Gibson, ¡quien había sido una de las pasajeras de primera clase!, fue la protagonista. En la película llevaba la misma ropa que había usado en el Titanic.

A Night to Remember es uno de los libros más populares escritos sobre el desastre. Walter Lord entrevistó a más de 60 supervivientes para su relato. En 1958, el libro se llevó al cine. Los sets de filmación se hicieron a partir de planos reales del Titanic.

La película más cara sobre el desastre fue *Titanic*, hecha en 1997. Su filmación costó 200 millones de dólares. El director James Cameron hizo una maqueta

de barco gigante, casi del mismo tamaño que el Titanic. Se utilizó un tanque de agua de 17 millones de galones para filmar el hundimiento. El alto costo no resultó un gran problema: ¡la película ganó más de 2000 millones de dólares en todo el mundo!

En 2017, en China se comenzó a construir una réplica a tamaño real del Titanic, ¡882,5 pies de largo! Los visitantes podrán comer en el barco y pasar la noche. Afortunadamente, no habrá posibilidad de icebergs: el barco permanecerá atracado en un embalse.

CAPÍTULO 12
¿Y si...?

Quizás lo más trágico de la historia del Titanic es que podría haberse evitado. Si solo una cosa hubiera sucedido de manera diferente esa noche, tal vez nunca habría habido un desastre.

¿Y si los vigías hubieran visto el iceberg antes? El mar en calma y el cielo sin luna dificultaban ver algo en el agua. Y si hubiera habido olas esa noche, los vigías podrían haberlas visto chapoteando contra el iceberg de sesenta pies de altura. Y si hubiera habido un poco de luna, la claridad podría haber ayudado a señalar el iceberg. ¿Y si los vigías hubieran tenido sus prismáticos? ¡Los habían guardado en un armario cerrado y nadie a bordo tenía la llave!

Una vez que se divisó el iceberg, Murdoch

ordenó girar el barco. Pero ¿y si el Titanic hubiera chocado de frente contra el témpano? Muchos piensan que el daño no habría sido tan grave y que el Titanic habría permanecido a flote.

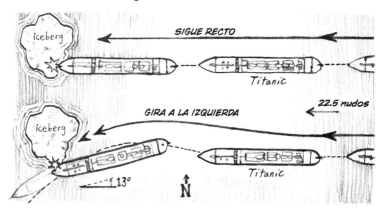

¿Y si los mamparos de tres metros de altura entre los compartimentos hubieran llegado hasta lo alto de la cubierta? Podrían haber contenido el agua que se desbordaba. En cambio, cuando estos se llenaban, el agua se derramaba en el siguiente compartimento, como una bandeja de cubitos de hielo. No demoró mucho para que todos los compartimentos de la parte delantera del barco se inundaran.

Los "¿Y si...?" no terminan ahí. ¿Y si el capitán Smith hubiera prestado más atención a las advertencias de hielo e ignorado el deseo de Ismay de que el barco siguiera a toda velocidad? ¿Y si el telegrafista del Titanic no le hubiera dicho al del Californian que se callara? ¿Podría el Californian haber llegado a tiempo si hubiera sabido que el Titanic estaba en peligro? Muchos pasajeros del Titanic dijeron que vieron las luces de un barco a solo 5 o 10 millas, mientras abordaban los botes salvavidas. Pero el capitán del Californian negó que se tratara de su barco. Dijo que el Californian estaba a cerca de 20 millas de distancia y nunca vio las bengalas del Titanic.

Lo más importante de todo, ¿y si hubiera habido suficientes botes salvavidas? El Titanic aún se habría hundido, pero todos, o casi todos, se hubieran salvado. El capitán Rostron del Carpathia escribió: "No se puede pensar que si hubiera habido suficientes botes aquella noche...

todas las almas a bordo se hubieran salvado, puesto que dos horas y media después del golpe el Titanic inclinó su enorme popa hacia el cielo y se hundió de cabeza, llevándose consigo todo para lo que no estaba preparado".

Si tan solo una de estas cosas hubiera sucedido de manera diferente, la noche podría no haber terminado tan trágicamente. En cambio, se perdieron 1500 vidas. Más de cien años después, el hundimiento del Titanic sigue siendo uno de los mayores desastres en el mar de todos los tiempos.

Cronología del Titanic

1845 — Se funda la White Star Line en Liverpool, Inglaterra

1909 — Comienza la construcción del Titanic en un astillero de Irlanda del Norte

1912 — 10 de abril: El viaje inaugural del Titanic zarpa de Southampton, Inglaterra

— 14 de abril: El Titanic recibe siete avisos de hielo de barcos cercanos en el Atlántico Norte

— 15 de abril: El Titanic se hunde en la madrugada

— 18 de abril: El Carpathia, con los sobrevivientes del Titanic, llega a la ciudad de Nueva York

— 19 de abril: Comienza la investigación de EE. UU. sobre el desastre del Titanic

1914 — Un inventor de Denver planea cómo subir el Titanic con un submarino y poderosos imanes

— Se forma la International Ice Patrol

1937 — Muere J. Bruce Ismay a los 74 años de edad

1955 — Se publica *A Night to Remember* de Walter Lord

1985 — Robert Ballard y su equipo descubren los restos del Titanic

1997 — Estreno mundial de la película de *Titanic*; recauda 2000 millones de dólares en taquilla

2009 — Fallece el último superviviente conocido del Titanic

Cronología del mundo

1819 — El SS Savannah es el primer barco de vapor en cruzar el océano Atlántico

1901 — Marconi inventa la radiotelegrafía

1903 — Primer vuelo de los Wright el en avión con motor

1911 — Hollywood abre los primeros estudios de cine

1914 — Chaplin crea su personaje Pequeño Vagabundo

— Comienza la Primera Guerra Mundial

1915 — Mueren casi 1200 personas cuando el barco Lusitania es torpedeado por un submarino alemán

1927 — Charles Lindbergh hace el primer vuelo solo, sin escalas, a través del Atlántico en 33,5 horas

1937 — El Hindenburg, el dirigible más grande de la historia, explota antes de aterrizar en Nueva Jersey

1939 — Comienza la Segunda Guerra Mundial

1945 — Un submarino soviético hunde el Wilhelm Gustloff, causando más de 9000 muertes, la mayor pérdida en el mar

— Termina la Segunda Guerra Mundial

1956 — Se lanza el primer disco de Elvis Presley, *Heartbreak Hotel*

1981 — Sandra Day O'Connor es la primera mujer en la Corte Suprema

1997 — La princesa Diana muere en un accidente de auto en París

2009 — Barack H. Obama se convierte en el primer presidente negro de EE. UU.

Bibliografía

*Libros para jóvenes lectores

*Brewster, Hugh, and Laurie Coulter. ***882 ½ Amazing Answers to Your Questions about the Titanic***. New York: Scholastic, 1998.

*Fullman, Joe. ***The Story of Titanic for Children***. London: Carlton Kids, 2015.

*Hughes, Susan, and Steve Santini. ***The Science and Story of Titanic***. Toronto: Somerville House, 1999.

Lord, Walter. ***A Night to Remember***. New York: Holt, Rinehart & Winston, 1955.

Lynch, Don. ***Titanic: An Illustrated History***. New York: Hyperion Books, 1992.

*Trumbore, Cindy. ***Discovering the Titanic***. Parsippany, NJ: Modern Curriculum Press, 1999.